BEI GRIN MACHT SICH IHR WISSEN BEZAHLT

- Wir veröffentlichen Ihre Hausarbeit, Bachelor- und Masterarbeit

- Ihr eigenes eBook und Buch - weltweit in allen wichtigen Shops

- Verdienen Sie an jedem Verkauf

Jetzt bei www.GRIN.com hochladen und kostenlos publizieren

Bibliografische Information der Deutschen Nationalbibliothek:

Die Deutsche Bibliothek verzeichnet diese Publikation in der Deutschen National-
bibliografie; detaillierte bibliografische Daten sind im Internet über http://dnb.d-
nb.de/ abrufbar.

Impressum:

Copyright © 2015 GRIN Verlag, Open Publishing GmbH
Druck und Bindung: Books on Demand GmbH, Norderstedt Germany
ISBN: 9783668315921

Dieses Buch bei GRIN:

http://www.grin.com/de/e-book/340824/die-unendlichkeit-in-der-mathematik

Eva Meierhenrich

Aus der Reihe: e-fellows.net stipendiaten-wissen

e-fellows.net (Hrsg.)

Band 2155

Die Unendlichkeit in der Mathematik

GRIN Verlag

GRIN - Your knowledge has value

Der GRIN Verlag publiziert seit 1998 wissenschaftliche Arbeiten von Studenten, Hochschullehrern und anderen Akademikern als eBook und gedrucktes Buch. Die Verlagswebsite www.grin.com ist die ideale Plattform zur Veröffentlichung von Hausarbeiten, Abschlussarbeiten, wissenschaftlichen Aufsätzen, Dissertationen und Fachbüchern.

Besuchen Sie uns im Internet:

http://www.grin.com/

http://www.facebook.com/grincom

http://www.twitter.com/grin_com

Inhalt

1. Einleitung

„Das Unendliche hat wie keine andere Frage von jeher so tief das Gemüt der Menschen bewegt. Das Unendliche hat wie kaum eine andere Idee auf den Verstand so anregend gewirkt. Das Unendliche ist aber auch wie kein anderer Begriff der Aufklärung bedürftig. "[1]

In dieser Facharbeit widme ich mich dem Thema der Unendlichkeit in der Mathematik. Vorerst einige allgemeine Gedanken und Erklärungen zu meiner Themenfindung:

Die Unendlichkeit ist etwas sehr Abstraktes für uns Menschen. Sie wirkt groß und einschüchternd auf uns. Ich habe lange darüber nachgedacht, ob ich mich in meiner Facharbeit in Mathematik mit diesem Thema beschäftigen soll, ob es nicht paradox ist, als endlicher Mensch über die **Unendlichkeit** zu forschen.[2]

Denn vieles, was uns umgibt, unser Handeln und unsere Gedanken, scheinen endlichen Charakter zu haben.[3]

Und doch hat mich die Thematik sehr gereizt[4], weil sich das Unendliche nicht nur in der Mathematik, sondern in sämtlichen Lebensbereichen und auf sämtlichen Ebenen wiederfindet, ohne dass wir es bemerken. Wer interdisziplinär, also fachübergreifend, denkt, merkt: Es gibt sie in unserem Alltagsleben, der Natur (den rhythmischen Abläufen, Kreisläufen, wie den Jahreszeiten), aber auch in unserer Kultur findet sie sich in kleinen Teilen wieder. Sie ist in der (modernen) Kunst vertreten (Bilder und eine Grafik siehe Anhang, S.15 und 16) in der Poesie (s. A., S. 17) oder zeigt sich in der Musik. Bei einem gesungenen Kanon kommen immer mehr Stimmen hinzu, die parallel singen, ihr Gesang könnte unendlich weitergehen, wenn der Dirigent ihn nicht „mit Gewalt" mit einem Handzeichen beenden würde. Auch in der Poesie findet sich das Unendliche wieder. Manche Gedichte könnten nie enden, sie verfügen über Inhalte, die immer weiter fortgeführt werden können. (s. A., S.17)

---

[1] Hilbert, D., www.hs-augsburg.de (zuletzt aufgerufen am 31.1.15)
[2] Zu der schwierigen Problematik äußerten sich viele Mathematiker und auch Philosophen. (siehe Anhang, S. 18)
[3] Wobei diese Annahme sich bezüglich der Gedanken nicht bestätigen wird (s. A., S.18)
[4] Bereits in der Unterstufe, in der ich meinem Mathematiklehrer Herrn Grichtol bereits mehrere, aus Interesse freiwillig verfasste, Seiten als meine „Hausarbeit" gab. Das Thema beschäftigt mich nämlich schon lange

Selbst wenn man in einen Klappspiegel schaut, so bemerkt man, dass die Innenseiten des Spiegels sich immer wieder gegenseitig spiegeln – scheinbar unendlich viele, immer kleiner werdende Spiegelbilder entstehen.

Der Ehering ist ein Symbol für die Unendlichkeit im übertragenen Sinn: seine kreisförmige Gestalt steht für die nie endende Liebe eines Paares.

Aber so oft sie auch auftreten mag, in gewisser Weise ist die Unendlichkeit doch in sich selbst unlogisch, ja, widersprüchlich. Es gibt, soweit wir heutzutage wissen, keine biologische Unsterblichkeit, kein unendliches Leben eines Individuums. Die Evolution verbietet dies, Sterblichkeit wird zum Überlebensvorteil der jeweiligen Tierart oder Rasse. [5]

Was man - bei allen Unklarheiten, die diese Thematik mit sich bringt - sagen kann, ist, dass sich für eine Unendlichkeit etwas immer wieder repetieren muss, ohne Ende. Oder dass eine Anzahl von Dingen so groß ist, dass sie nicht enden kann.

Hier beginnt die Reise in die Unendlichkeit der Mathematik.

Kann es überhaupt Anzahlen von Dingen geben, die nie aufhören, also über kein Ende verfügen?

Die Anzahl der Sandkörner auf der Erde lässt sich nicht bestimmen. Ist sie deswegen schon unendlich? Theoretisch könnte man jedes einzelne Sandkorn zählen, auch, wenn dies praktisch nicht machbar ist. [6] Die Anzahl der Nanosekunden seit dem Urknall muss riesig sein, sie scheint unendlich für uns. Aber es wäre doch theoretisch möglich, diese zu zählen, also müsste man auch hier von einer endlichen Menge sprechen. Die Anzahl der Elementarteilchen im Universum wirkt gigantisch – es besteht aus 10 hoch 78 Atomen – aber bei genauerer Überlegung ist wohl auch diese nur endlich.

Steht man am Meer und sieht den Horizont, wird man getäuscht, denn dieser „gaukelt" Unendlichkeit vor. Die Erdoberfläche ist begrenzt, auch, wenn sie grenzenlos wirkt, weil

---

[5] Immer wieder neue Anpassung an die Lebensverhältnisse der jeweiligen Spezien haben sich als nützlich erwiesen.
(Trotzdem gibt es weiterhin die menschliche Hoffnung an ein unendlich verlängerbares Leben: Für 30.000 US-$ kann man in den USA eine Risiko-Lebensversicherung abschließen und den eigenen Leichnam nach dem Tod tiefkühllagern lassen, mit der Hoffnung, dass man, wenn die Forschung vorangeschritten ist, wiederbelebt werden kann. Meiner Meinung nach ist dies allerdings nichts Erstrebenswertes, da hier mit Hoffnungen und Ängsten von Menschen Geld verdient wird. Es gibt die Unendlichkeit also auch als Geschäftsmodell. → www.cryonicssociety.org (zuletzt aufgerufen am 14.2.15)
[6] Hiermit beschäftigte sich auch Archimedes, der die Zahl10^63 für die Sandkörner, die im Universum Platz haben , herausfand. Er verwandte für den Radius des Universums die Entfernung von der Erde zur Sonne. Diese Menge Sand kommt seltsamer-/zufälligerweise der heute bekannten Materie im beobachteten Teil des Universums (10^78 Atome), recht nahe.
Archimedes: „Es gibt Leute, König Geleon, die der Meinung sind, die Zahl des Sandes sei unendlich groß [...] Andere glauben zwar nicht, dass die Zahl unendlich sei, aber doch, dass noch keine Zahl genannt worden sei, die seine Menge übertreffen könnte." J.C. Lotter, „Kompaktes Wörterbuch des Unendlichen", www.unendliches.net/german/sandzahl.htm zuletzt aufgerufen am 14.2.15

man immer weiter geradeaus gehen kann und es kein „Weltende" gibt. Ihre Oberfläche beträgt 510 Millionen km², ist riesig, aber endlich.

Denkt man an die Naturwissenschaften, so gerät man erneut ins Grübeln: Gibt es in diesem Bereich Unendlichkeiten? Eine Temperatur kann nicht unendlich hoch oder niedrig sein. Spannungen sind lediglich begrenzt, selbst die Lichtgeschwindigkeit hat eine Grenze, und so Frequenzen, Energien oder Massen. Und wie verhält es sich mit dem Vakuum im Weltraum? Ist das Vakuum unendlich?

Allgemein scheinen Dinge interessant für uns Menschen zu sein, die wir nicht begreifen können, die abstrakt sind. Selbst, wenn sie sich sogar im Alltagsleben wiederfinden. Wir bevorzugen es, Dinge zu kennen, einordnen und somit kontrollieren zu können. Es liegt auf der Hand, dass sich die Unendlichkeit nicht ganz einfach definieren lässt. Die eben genannten 10 hoch 80 Atome, aus denen das Universum besteht, wäre zeichnerisch eine 1 mit 80 Nullen dahinter. Mit Konzentration und Ausdauer ließe sie sich schriftlich festhalten. Die Unendlichkeit allerdings, *„ist weit. Vor allem gegen Ende."*,7 wie einst der französische Journalist **Alphonse Allais (1854-1905)** sagte.

Auch der Gedanke des „ewigen", also unendlichen, Lebens, das über die soeben angesprochene biologische Unsterblichkeit auf Erden hinausgeht, nach dem Tod ist für uns Menschen nur schwer erfassbar. Das Unendliche findet sich dementsprechend nicht nur in den bereits genannten Lebensbereichen wieder, sondern hängt auch mit religiösen Ansichten und persönlichen Weltanschauungen zusammen, weswegen sie wahrscheinlich auch individuell unterschiedlich aufgefasst wird.

Gibt es überhaupt eine Unendlichkeit, oder ist diese nur eine Erfindung der Menschen, ein Konstrukt, das bemüht wird, wenn von Dingen gesprochen wird, deren Anzahl oder Größe über die menschliche Vorstellungskraft hinausreichen, die erst dann angesprochen wird, wenn die Menschen einer entsprechenden Anzahl keine Zahlen zuordnen, sie nicht mehr benennen können? Wie genau äußert sich dieses Phänomen in der Mathematik, welche Auswirkungen hat es? Dies werde ich in meiner Facharbeit genauer untersuchen.

---

[7] http://www.quotez.net/german/unendlichkeit.htm (zuletzt aufgerufen am 5.2.2015)

2. Hauptteil

2.1. Gibt es ein Ende am Zahlenstrahl? (Mengenlehre)

Um sich mit der Unendlichkeit der Zahlen auseinanderzusetzten, so habe ich bei meinen Recherchen herausgefunden, ist die *Mengenlehre* von großer Bedeutung. Diese rief in den 1870er Jahren **Georg Cantor** ins Leben. Mengen sind „Ansammlungen" von Dingen, die sich „Elemente" der jeweiligen Menge nennen. Eine Menge sind z.B. die natürlichen Zahlen, die positiven ganzen Zahlen. Sie werden mit dem Symbol „N" bezeichnet und in geschweiften Klammern dargestellt:

$N= \{1,2,3,4,5,6,7,8,…\}$

Mengen lassen sich nun einschränken und werden „Teilmengen" genannt. Beispielsweise lässt sich die Menge der positiven ganzen Zahlen auf eine Teilmenge $A=\{1,2,3,4\}$ beschränken. Diese ist nur eine endliche Menge, da sie aus vier Zahlen besteht.

Eine unendliche Menge ist dementsprechend eine Menge, die <u>nicht</u> endlich ist.[8]

Ein berühmtes Beispiel für unendliche Mengen hat sich **David Hilbert** (1862-1943) überlegt. Er ist Erfinder des Gedankenkonstrukts ***„Hilberts Hotel"***:

„In einem Hotel mit endlich vielen Zimmern, also einem üblichen Hotel, kann es passieren, dass alle Zimmer belegt sind. Für einen dann noch eintreffenden Gast gibt es kein Unterkommen mehr. Ganz anders im Unendlichen. Stellen wir uns ein Hotel, eben „Hilberts Hotel" vor, das unendlich viele Zimmer besitzt. Diese tragen die Nummern 1,2,3… Jedes dieser Zimmer ist mit einem Gast belegt. Nun kommt ein neuer Gast und begehrt Einlass. „Kein Problem", sagt der Mann an der Rezeption, „nur einen Augenblick." Er bittet den Gast aus Zimmer 1, in Zimmer 2 zu gehen, den Gast aus Zimmer 2 in Zimmer 3 , den aus Zimmer 4 in Zimmer 5, usw. Schließlich hat jeder Gast ein Zimmer, und das erste Zimmer ist frei, hier kann nun der neue Gast einziehen. Mathematisch kurz könnte man dieses Phänomen durch die Gleichung $\infty+1=\infty$ ausdrücken. Klar, dass mit derselben Methode auch noch ein weiterer Gast unterzubringen ist, ja jede endliche Menge von neuen Gästen. Also gilt auch $\infty+2=\infty$, $\infty+3=\infty$ usw. Nun stehen aber (unglaublich, aber wahr)! unendlich viele Gäste vor der Tür. Auch hier hat der Mann an der Rezeption eine Idee: Er bittet den Gast aus Zimmer 1, in Zimmer 2, den Gast aus Zimmer 2 in Zimmer 4, den aus Zimmer 3 in Zimmer 6,

---

[8] Crilly, T., Mathematik, die großen Fragen, Heidelberg, 2012², S.145f

usw; dann sind nur die Zimmer mit gerader Nummer belegt – und die unendlich vielen Neuankömmlinge können die Zimmer mit den ungeraden Nummern beziehen. Dies zeigt $\infty + \infty = \infty$."9

Anhand dieses Gedankenspiels ergibt sich schon ein größeres Verständnis für die Unendlichkeit. Ich bin bei meinen Recherchen auf noch ein anderes Gedankenexperiment gestoßen, welches mir persönlich noch besser gefallen hat und ebenfalls ein Wunder der Unendlichkeit darstellt. Man kann mit der Unendlichkeit nämlich nicht nur die Übernachtungsmöglichkeiten vermehren, sondern ebenso das Geld: *„Stellen Sie sich vor, es würde unendlich viele Menschen geben: Nummer 1, Nummer 2, Nummer 3, usw. Diese stehen alle in einer Reihe hintereinander, und jeder hält einen Euro in der Hand. Sie stehen vor der ganzen Reihe und halten nur ihre Hand auf. Der erste gibt Ihnen seinen Euro, erhält aber von seinem Hintermann wieder einen. Dieser erhält von der Person hinter ihm wieder einen Euro usw. Jeder hat einen Euro, aber Sie haben auch einen! (Es gilt $\infty - 1 = \infty$). Natürlich setzen Sie das Spiel fort, halten die Hand auf und erhalten einen zweiten Euro. Und so geht es immer weiter: Sie werden steinreich, ohne, dass jemand dadurch weniger Geld hat."10*

Zurück zu Hilberts Hotel und der Mächtigkeit unendlicher Mengen: Was mich vorerst verwirrt hat, war die Tatsache, dass in einem Hotel mit unendlich vielen Zimmern die Anzahl, also die Menge (die, wie bereits erklärt, in der Mathematik *Teilmenge* genannt wird) der ungeraden Zimmernummern genauso groß sein soll wie die Menge aller Zimmer. Dies war unverständlich für mich, da man bei einem „normalen" Hotel mit einer endlichen Zimmeranzahl erwarten würde, dass die Gesamtmenge aller Zimmer größer ist als die Teilmenge der Zimmer mit ungerader Nummer. Würde dies bedeuten, dass ein Tortenstück im Unendlichen genauso groß sein kann, wie eine ganze Torte!? „Ist das denn möglich?", frage ich mich. Günter M. Ziegler gelangt in seinem Buch „Darf ich zahlen?" genau zu demselben Unverständnis wie ich, wie ich nach intensiver Forschung und Suche nach diesem Problem herausfand. Er stellt fest, dass unendliche Mengen die Eigenschaft haben, über Teilmengen zu verfügen, die gleichmächtig der „Gesamtmenge" sind. Diese Mächtigkeit abzählbarer Mengen, so erklärt er, wird **N0** („Aleph 0") genannt. Aleph ist der erste Buchstabe des hebräischen Alphabets. 11

Gehen wir also nun davon aus, dass es unendlich viele natürliche Zahlen gibt. Schnell kommt die Frage auf, ob es dementsprechend auch unendlich viele Bruchzahlen gibt. Von meinem Gefühl her, also intuitiv, würde ich sofort sagen, dass es mehr Bruchzahlen gibt, da ja zwischen zwei natürlichen Zahlen sehr viele Bruchzahlen

---

[9]Am aufgerufenen Ort (a.a.O), S.4
[10]a.a.O, S.4
[11]In Übereinstimmung mit dem Befund bewiesBernhard Riemann (1826-1866), dass eine endliche und eine unendliche Fläche genau gleich viele Punkte haben. → Crilly, T., Mathematik, die großen Fragen, Heidelberg, 2012², S.145f

liegen. Das tabellarische Konstrukt von **G. Cantor (1845-1918)** *(Cantor'sches Diagonalverfahren)* zeigt, dass dem so sein muss, denn man kann alle Zahlen in der von ihm erstellten Tabelle durch eine Schlängelbewegung erreichen: Die erste Zahl, auf die man kommt, ist die 1, die nächste die 2, dann die 3, usw. Somit gibt es eine Zuordnung, die jedem Bruch eine natürliche Zahl beistellt. So bekommen verschiedene Brüche unterschiedliche natürliche Zahlen zugeordnet und sind deswegen von derselben Unendlichkeit wie die natürlichen Zahlen.[12] (Sofern diese das sind). (Grafik s. A., S.18) Dass eine Menge dann unendlich ist, wenn es eine eindeutige Zuordnung zwischen ihren Elementen und denen ihrer echten Teilmenge gibt, bewies **Galileo Galilei (1564-1642)** in seinem Paradoxon. (s. A., S.19)[13]

2.2. Primzahlen und Unendlichkeit

„Wir sind zweiseitig symmetrische, geschlechtlich differenzierte Zweibeiner, ansässig in einer der äußeren Spiralen der Milchstraße, fähig, Primzahlen zu erkennen..." (Text, der an den Raumsonden der NASA angebracht ist) 14

Bisher bin ich auf verschiedene Arten von Zahlen eingegangen. Noch nicht erwähnt habe ich die Primzahlen, die in Bezug auf die Unendlichkeit in der Mathematik ebenso von Relevanz sind. Primzahlen sind die Zahlen, die nur zwei natürliche Zahlen als Teiler hat. Eine Primzahl ist größer als 1 und lässt sich (mit ganzen Zahlen) nur durch eins und sich selbst teilen.[15] Sofort habe ich mir direkt die Frage gestellt, ob es sich mit den Primzahlen ähnlich verhält wie mit den natürlichen oder den Bruchzahlen, oder, ob es zumindest hier einen „handfesten" Beweis gibt, der besagt, dass die Primzahlen irgendwo ein Ende finden. –

Bald fand ich heraus, dass es diesen **nicht** gibt, sondern Euklid im 4. Jahrhundert bereits bewiesen hat, dass es unendlich viele Primzahlen gibt.[16] Er formulierte den Satz: *„Es gibt mehr Primzahlen als jede vorgelegte Anzahl von Primzahlen."*17 Der wichtigste Aspekt seines Beweises wird heutzutage als *„euklidische Zahl'* bezeichnet.

Diese euklidische Zahl N erhält man, wenn man alle Primzahlen bis zu einer vorgegebenen Primzahl (P) multipliziert und zu diesem Produkt 1 addiert. (Grafik s. A.,S.19)

---

[12] Blum, W., Die Grammatik der Logik München, 1999[2], S.203
[13] www.unendliches.net/german/gparadoxon.htm (zuletzt aufgerufen am 4.2.2015)
[14] Beutelspracher, A., Kleines Mathematikum, 2010, S.76
[15] Schüler Duden, Mathematik I, Prof. Dr. Scheid, H. Mannheim, 1990[3], S. 326
[16] (In seinem Buch IX, Proposition 20, S.99)
[17] Beutelspracher, A., Kleines Mathematikum, 2010, S.185

Die euklidische Zahl N hat also die Form N= $(2 \cdot 3 \cdot 5 \cdot 7 \cdot \ldots \cdot P)+1$.

Die ersten fünf euklidischen Zahlen sind Primzahlen. Nimmt man allerdings P=13, so stellt man fest, dass die zugehörige euklidische Zahl N nicht prim, sondern zusammengesetzt ist! N= $(2 \cdot 3 \cdot 5 \cdot 7 \cdot 11 \cdot 13)+1=$ 30.031=59·509.

Euklidische Primzahlen sind sehr selten.

Doch wie beweist Euklid die Unendlichkeit der Primzahlen?

Er nahm an, es gebe nur endlich viele Primzahlen und zog daraus so lange logische Schlüsse, bis er auf einen Widerspruch stieß. *„Die reductio ad absurdum (Rückführung auf einen Widerspruch) ist eine der besten Waffen der Mathematik"*, urteilte der englische Mathematiker **G.H. Hardy (1877-1947)**.[18]

Man wählt nun eine beliebige Primzahl P und muss zeigen, dass es jenseits von dieser noch mindestens eine weitere gibt. Wie wir bereits gesehen haben, kann die euklidische Zahl N=$(2 \cdot 3 \cdot 5 \cdot 7 \cdot \ldots \cdot P)+1$ entweder eine Primzahl sein oder auch nicht – wir wissen allerdings bei einem nicht genauer festgelegten P nicht, welcher Fall im Einzelnen vorliegt. Fest steht, dass wenn N **keine** Primzahl ist, dies auch kein Problem ist, denn wenn wir dieses N durch jede der Primzahlen 2,3,5,7,…P dividieren, dann bleibt wegen der Konstruktion der euklidischen Zahl (also der Zahl N) stets ein Rest von 1, so dass N von keiner dieser Zahlen geteilt wird. Doch aufgrund des Fundamentalsatzes der Arithmetik (Dieser besagt, dass es keine Zusammenstellung von Primzahlen gibt, deren Produkt dieselbe Zahl ergibt. Die Folgerung aus diesem Satz ist, dass jede ganze Zahl durch zumindest eine Primzahl teilbar sein muss. Es gibt also stets mindestens einen Primfaktor)[19] wissen wir, dass N durch mindestens eine Primzahl teilbar sein muss. Da diese (auf jeden Fall existente) Primzahl keine der Zahlen 2,3,5,7,…P ist, schloss ich, dass sie ja dann zwangsläufig größer sein muss, als P. Genau dies bewies **Euklid** in seinem Satz. Er zeigte auf, dass es immer eine größere Primzahl als die beliebig gewählte Primzahl P geben muss – das lässt mich wiederum schlussfolgern, dass es somit unendlich viele Primzahlen geben muss. Wäre deren Anzahl nämlich nur endlich, wäre das Konstrukt der euklidischen Zahl hinfällig. Dieses ist – Internetrecherchen zufolge – noch nicht widerlegt worden. Und doch gibt es Spekulationen von **C.F. Gauß**, die besagen, dass die Primzahlen ein Ende nehmen *könnten.* Er stellte eine mögliche Formel an, mit der man die Dichte theoretisch abschätzen, also näherungsweise berechnen könnte: (Tabelle s.A., S.20)

Anzahl der Primzahlen kleiner als n

Anzahl aller ganzen Zahlen kleiner als n

---

[18]Wussing, H., 6000 Jahre Mathematik: Von Euler bis zur Gegenwart, 2008³, S. 107
[19] Blum, W., Die Grammatik der Logik München, 1999², S.256

Mich interessieren vor allem die Dinge, die noch nicht beforscht wurden, die noch nicht bewiesen wurden, die ungelösten Rätsel. So forschte ich in dem Bereich der Primzahlen weiter und fand heraus, dass man zwar weiß, dass es unendlich viele Primzahlen geben muss, man aber noch überhaupt nicht sagen kann, ob es auch unendlich viele *Primzahlzwillinge* gibt. Primzahlzwillinge sind Paare von Primzahlen, zwischen denen nur eine weitere Zahl liegt. Am Anfang der Primzahlfolge findet man noch viele Zwillingspaare, 3 und 5, 5 und 7, 11 und 13, 17 und 19, ..usw., doch je größer die Zahlen werden, desto weniger Primzahlzwillinge findet man. Aktuell ist der größte Primzahlzwilling, den man kennt: $3756801695685 \cdot 2^{666669} \pm 1$[20]

Ob es nun unendlich viele Primzahlzwillinge gibt, weiß also niemand genau.

Ebenso wenig weiß man, wie es sich mit Primzahldrillingen verhält: Man kennt nur ein einziges „Drillingspaar": 3,5 und 7. Bei allen anderen Dreierpacks aufeinanderfolgender ungerader Zahlen ist immer eine durch drei teilbar und somit keine Primzahl.

Die Zahlenfolgen fand ich sehr interessant, denn Folgen lassen sich im Allgemeinen (unendlich) fortführen und sind höchst interessant für mein Thema. Die „Folgen konstanter Schrittweise" sind eine andere interessante Art von Mustern: Es sind Folgen von Primzahlen, in denen es von jeder Primzahl zur nächsten immer gleich weit ist. Sie werden auch „arithmetische Folgen" genannt. Die Primzahlen 3, 5, 7 bilden z.B. eine arithmetische Folge der Länge drei (jede Zahl ist um 2 größer als ihr Vorgänger). 5,11,17,23,29 ist eine Folge der Länge fünf (mit Schrittweite 6). Jede Folge von Primzahlen (die wir kennen) bricht irgendwann ab, die meisten sogar sehr bald. Aber wer sagt denn, dass es nicht bei sehr großen Zahlen **unendliche** arithmetische Folgen gibt, frage ich mich. Die längste, die man kennt, umfasst 25 Primzahlen. Das ist eine für Mathematiker beeindruckende, doch mir bezüglich des Themas Unendlichkeit jedoch gering erscheinende Anzahl. Und wieder bin ich auf eine Frage in der Mathematik gestoßen, die ungelöst bleibt.

2.3. Unendlichkeit im Mathematikunterricht in der Schule

So viele ungelöste Rätsel gibt es in der Mathematik in sämtlichen Bereichen, doch vor allem bei dem Thema Unendlichkeit. Um nicht an ungelösten Rätseln zu verzweifeln, widme ich mich nun dem Schulalltag. Das Thema Unendlichkeit tritt nämlich nicht nur in theoretischen Überlegungen von Mathematikern, sondern bereits bei Schulaufgaben

---

[20]http://primes.utm.edu/top20/page.php?id=1 (zuletzt aufgerufen am 14.2.2015)

auf. Nun zeige ich anhand von Beispielen auf, an welchen Stellen das das Thema Unendlichkeit sich in meinen Mathematikunterricht „geschlichen" hat:

Bereits in der Mittelstufe trat es auf, wenn wir im Themenbereich der Geometrie den Flächeninhalt eines Kreises berechneten. Der Kreis ist eine Form, deren Flächeninhalt sich nicht einfach durch die Zerlegung auf bereits berechnete Flächen zurückführen lässt, da immer Restflächen auftreten, die nicht überall gradlinig begrenzt sind. Deswegen, so haben wir gelernt, versucht man, die Berechnung von Umfang und Flächeninhalt näherungsweise durch das Auslegen/Eingrenzen mit Vielecken (sog. N-Ecken) zu erreichen. Dies ist ein Annäherungsverfahren. Je höher die Eckenanzahl der Vielecke ist, desto mehr nähern diese sich dem Kreis an, desto geringer wird der nicht erfasste Bereich der „Fehler". Wenn unendlich viele n-Ecken einen Kreis eingrenzen, so ist der „Fehler" sehr klein und der exakte Wert fast, jedoch nie vollkommen erreicht. (eigene Grafiken und Berechnung eines Flächeninhalts (s. A., S.19-21)

Ein weiterer Bereich, in dem sich die Unendlichkeit im Unterricht widerfindet, ist ein Integral. Das Integral ist die Fläche unter einer Kurve. Je mehr Rechtecke (n-Ecke) man nun unterhalb dieser Kurve (die die sogenannte Untersumme bilden) direkt nebeneinander platziert, desto kleiner wird der „Fehler", also erneut der nicht erfasste Bereich. Gibt es unendlich viele n-Ecke, so ist auch hier der Fehler unendlich klein, man hat den Flächeninhalt also beinahe, aber trotzdem nie ganz erfasst. (Grafik s. A.,S.22) Auch findet man Unendlichkeit bei einer Asymptote. Der Ausdruck $f(x)= -1/x^2$ beschreibt eine Asymptote, deren x beliebig nahe an 0 geht. Y- und x- Achse stellen die Grenzgeraden dar und der Graph geht beliebig nahe an die y-Achse, der Wert geht somit gegen y-unendlich. (Grafik s. A., S.22) Ein drittes Beispiel für den Unterrichtsbezug wäre eine Funktionsschar – oder auch Kurvenschar –. Dies ist die Menge von verschiedenen Kurven, deren Abbildungsvorschriften sich in mindestens einem Parameter unterscheiden. Ein Beispiel für eine Funktionsschar ist ein Funktionenbündel, eine Schar mit allen Funktionen gemeinsamen Punkt. Zu einem solchen Bündel können theoretisch unendlich viele Funktionen gehören, sofern sie den einen vorgegebenen Punkt teilen. (Grafik s. A., S.23) Ähnlich ist es bei Variablen. Die Variable x in einer Funktion meint keine konkrete Zahl, sondern ist lediglich ein „Freiraum", in den sich unendliche viele verschiedene Zahlen einsetzen lassen. (Bsp. s. A., S.23) Ein letztes Beispiel für Unendlichkeit, das jeder Schüler kennt, sind die bereits angesprochenen Brüche, in diesem Fall allerdings nicht irgendwelche beliebigen Brüche, sondern die folgende Zahlenfolge: ½, ⅓, ¼, … etc. Diese Zahlenfolge erreicht Null zwar nie ganz, aber der Nenner kann unendich groß werden und somit unendlich/beliebig nahe an Null „herankommen". Zu jedem noch so kleinen Bruch lässt sich stets ein noch kleineres Folgeglied finden.

3. Schluss/Fazit

Wie ich in dieser Facharbeit gezeigt habe, ist die Unendlichkeit in der Mathematik ein großes und wichtiges Thema. Sie findet sich in verschiedensten Themenbereichen wieder. Egal, was man in der Mathematik tut – man rechnet und denkt in unendlich-dimensionalen und abstrakten Räumen. Der Umgang mit der Unendlichkeit ist keinesfalls ein einfacher. Sie ist vor allem für die meistens um Exaktheit bemühten Mathematiker eine Herausforderung. Nahe liegt sie (wie bereits in der Einführung erwähnt) auch an theologischen und philosophischen Problematiken. Und, wie auch beschrieben, hängen Widersprüche mit der Unendlichkeit zusammen. Es ist, so fiel mir bei der Arbeit an meiner Facharbeit und den zahlreichen Recherchen mittels verschiedener Medien auf, so, als würde, wenn über das Thema Unendlichkeit gesprochen oder geschrieben wird, alles, was wir an naturwissenschaftlichem Faktenwissen haben, vergessen oder verdrängt werden. Das Unendliche wird oftmals als etwas Heiliges, Übermenschliches behandelt und scheint sämtliche Logik außer Kraft zu setzen. (Viele Quellen sind nicht wissenschaftlich, da sie auf persönlichen Ansichten bezüglich des Themas beruhen, oder befinden sich in Grauzonen!) So fragten sich z.B. bereits im Mittelalter christliche Scholastiker, wie es denn sein könne, dass Gott allmächtig, also unendlich mächtig sein kann. Kann er einen Stein erschaffen, der so schwer ist, dass er ihn nicht aufheben kann? Wenn ja, ist er nicht allmächtig, da er den Stein nicht aufheben kann. Wenn nein, ist er erst recht nicht allmächtig, denn offenbar kann er doch nicht alles schaffen. – Ein eindeutiger Widerspruch![21]

Sämtliche Widersprüche in der Unendlichkeit kommen mir beim Rückblick auf meine Facharbeit in den Sinn: Im Unendlichen kann ein Tortenstück so groß sein, wie eine ganze Torte, da Teilmengen genauso groß sein können, wie die Gesamtmenge, wie z.B. das Gedankenkonstrukt „Hilberts Hotel" verdeutlichte. – Eigentlich ist dies doch auch paradox und ein Widerspruch, oder!?

Ein weiterere Unverständlichkeit findet sich im Bereich der Primzahlen, Primzwillinge oder Primdrillinge: Wie kann es sein, dass es keine Regelmäßigkeit in ihrem Auftreten gibt? Im Leben hat doch alles eine gewisse Regelmäßigkeit, allein in der Natur hat alles einen Kreislauf! Wie kann es dann sein, dass es keine Formel für Primzahlen gibt und diese scheinbar zufällig, als „Einzelgänger", zu finden sind!? Und wie kann es sein, dass Gauß' Formel zeigt, dass Primzahlen immer seltener werden? Kann es sein, dass

---

[21]Crilly, T., Mathematik, die großen Fragen, Heidelberg, 2012², S.344

diese irgendwann aufhören, und, damit verbunden, dass jeglichen Zahlen irgendwo ein Ende gesetzt ist?

Ein anderes, verwirrendes Beispiel ist die Kreiszahl Pi mit unendlich vielen Nachkommastellen, die in keinem Muster oder keiner Regelmäßigkeit auftreten. Ist ihre Unendlichkeit nicht unrealistisch? Vielleicht hat sie ja doch irgendwann ein Ende, fern ab von den Möglichkeiten der Computer, die die Zahl „bloß" auf einige Millionen Nachkommastellen genau bestimmen können…? (Genaueres zu Pi → s. A., S.24)

Vielleicht ist die Unendlichkeit ja doch zu groß für uns Menschen. Cantor wurde geradezu süchtig nach immer größeren Unendlichkeiten. Seine Alephs hielt er für etwas Heiliges. Sein Lebenslauf zeigt, dass er für einige Jahre sogar die Mathematik aufgab, um sich theologischen Disputen zu widmen und nach Gott, dem „Absolut-Unendlichen", zu suchen. [22] Sein Streben nach der Unendlichkeit entwickelte sich tragisch. Zunehmend geriet er in Streitigkeiten mit anderen Mathematikern, die seine kühnen Ideen in Bezug auf das Unendliche ablehnten. Er wurde depressiv und starb schließlich, angefeindet von vielen seiner Kollegen, in einer Nervenanstalt in Halle. Hatte er sich ins Unendliche verrannt? Vielleicht.

Fest steht, dass der Logiker **Kurt Gödel (1906-1978)** all den Vermutungen der Mathematiker Cantor und Hilbert ein Ende setzte, indem er seinen *„Unvollständigkeitssatz"* erstellte.

Dieser besagte, dass es in einem widerspruchsfreien formalen System immer mathematische Aussagen gibt, die sich innerhalb dieses Systems weder belegen noch beweisen lassen. Manche mathematischen Phänomene werden somit als nicht berechenbar bewertet. Die Wahrheit, so jedenfalls Gödels Unvollständigkeitssatz, ist komplexer als das Beweisbare.

Ähnlich scheint es mir mit der Unendlichkeit zu sein: Sie scheint zu theoretisch, zu groß zu sein, um sie auch nur ansatzweise unter Kontrolle zu bekommen. Vielleicht ein bisschen, wie ein Fass ohne Boden, ein Berg ohne Gipfel oder ein Ozean ohne Grund.

Menschen versuchen zwar, sich ihr anzunähern, sie erklären sich die Unendlichkeit des Universums mit dem Modell des *Möbiusrings* (der endlich und lediglich in sich selbst verschlungen ist, s. A., S.24) und klammern sich an das Modell der liegenden Acht, das nur Symbol für das Größte ist, was man sich vorstellen kann.

Wir wissen noch lange nicht alles über unsere Erde, wir kennen noch nicht alle Tier- und Pflanzenarten, können nicht alle Krankheiten heilen, den Prozess der Erderwärmung nicht stoppen und die Kriege zwischen Ländern sind leider noch lange nicht alle beendet. Bei so vielen Problemen, die wir auf unserer „kleinen" Welt haben, ist es wahrscheinlich noch zu früh, um sich größeren Problematiken zuzuwenden. Ich

---

[22] Pape, M. „ist Gott in der Unendlichkeit zu finden?" https://www.fa.uni-tuebingen.de/lehre/romsem/2006/montag/unendlichkeit (zuletzt aufgerufen am 16.2.2015)

glaube, dass man zu wenig über die Entstehung des Lebens und über die Beschaffenheit des Universums weiß, um klare Antworten bezüglich der Unendlichkeit zu finden. Es braucht vermutlich mehr technische Innovation, bessere Teleskope und mehr Entdeckungen, um Wahrheiten auf den Grund zu gehen. Ich denke, dass die Forschung bezüglich unseres Lebensraumes, einschließlich des Weltalls, von Nöten ist, um Rätsel zu lösen. Möglicherweise werden durch neue Entdeckungen oder Naturgesetze entkräftet und Denkweisen verändert. Vermutlich sind Menschen an diesem Punkt zum jetzigen Zeitpunkt noch nicht angekommen. Die Zukunft wird zeigen, ob es möglich sein wird, alle offenen Fragen vollständig zu beantworten. Oder vielleicht müssen wir eines Tages erkennen, dass Menschen nun einmal lediglich beschränkte Existenzen sind und nicht alles in unserer Macht liegt. Vielleicht nehmen Menschen nur an einer Unendlichkeit Teil, die aber für sie aber im wahrsten Sinne des Wortes **unbegreiflich** ist und möglicherweise auch bleiben wird.

Vielleicht ist die einzige Möglichkeit, der Unendlichkeit näher zu kommen, zu versuchen, sie zu beschreiben, so wie **Blaise Pascal (1623-1662)** es tut. Vielleicht hat er recht: *„Was ist denn schließlich der Mensch in der Natur? Ein Nichts in Hinblick auf das Unendliche, ein All in Hinblick auf das Nichts, eine Mitte zwischen dem Nichts und dem All, unendlich weit davon, die Extreme zu begreifen."[23]*

---

[23]http://www.philos-website.de/index_g.htm?autoren/pascal_g.htm~main2 (zuletzt aufgerufen am 16.2.2015)

Literaturverzeichnis

O   <u>Bücher und Zeitschriften</u>

- Crilly, T., Mathematik, die großen Fragen, Heidelberg, 2012[2]
- Blum, W., Die Grammatik der Logik München, 1999[2]
- Schüler Duden, Mathematik I, Prof. Dr. Scheid, H. Mannheim, 1990[3]
- Beutelspracher, A., Kleines Mathematikum, 2010
- Wussing, H., 6000 Jahre Mathematik: Von Euler bis zur Gegenwart, 2008[3]

O   <u>Internet:</u>

- <u>www.cryonicssociety.org</u>
- <u>www.unendliches.net/german/gparadoxon.htm</u>
- <u>www.unendliches.net/german/rekursion.htm</u>
- <u>www.unendliches.net/german/sandzahl.htm</u>
- <u>http://www.aphorismen.de/gedicht/86613</u>
- <u>http://www.meinanzeiger.de/zeulenroda-triebes/kultur/ein-mops-kam-in-die-kueche-und-stahl-dem-koch-ein-ei-d14685.html</u>
- <u>http://unendliches.net/german/index.htm?unendlichkeit.htm</u>
- <u>http://unendliches.net/german/index.htm?gedanken.htm</u>
- <u>http://unendliches.net/german/index.htm?index_math.htm</u>
- <u>www.hs-augsburg.de</u>
- <u>http://www.quotez.net/german/unendlichkeit.htm</u>
- http://www.philos-website.de/index_g.htm?autoren/pascal_g.htm~main2
- https://www.fa.unituebingen.de/lehre/romsem/2006/montag/unendlichkeit
-

O   <u>Abbildungen/Illustrationen/Graphiken etc.:</u>

–   http://www.aboutgerman.net/AGNimages/infinity_180.jpg

–   hthttp://www.math.unikonstanz.de/fb_seiten/contrib/startseite/JDM/vortraege/escher1.jpggtp://unendliches.net/images/escher_moebius.jpg

–   http://4.bp.blogspot.com/_08nyYzsq37k/S8VfVCsEE7I/AAAAAAAABVQ/WECm94piNMs/s400/Picture%2B4.png

–   http://www.google.de/imgres?imgurl=http%3A%2F%2Funendliches.net%2Fimages%2Fimage166.gif&imgrefurl=http%3A%2F%2Funendliches.net%2Fgerman%2Fgedanken.htm&h=235&w=404&tbnid=luHy0zthHeNDsM%3A&zoom=1&docid=p5fEhWPCn4OeUM&ei=ZubdVK_FJonAObvegbAJ&tbm=isch&iact=rc&uact=3&dur=319&page=1&start=0&ndsp=27&ved=0CDcQrQMwBw

–   http://previewcf.turbosquid.com/Preview/2014/05/24__14_33_06/moebius2.jpg4
58145ec-cc05-4da5-ae12-3a193a0ab650Larger.jpg

–   https://vonhaeften.files.wordpress.com/2011/10/test0x.png?w=636

–   http://mathphys-online.de/wp-content/uploads/2012/01/Riemann-Integral.jpg

–   http://www.schule-studium.de/Mathe/images/Potenzfunktionen/1_X.jpg

–   http://images.onlinemathe.de/images/fragenbilder/images/1eb601d930e25db74
8ca877ed79a1ef9.jpg

Anhang

• Seite 1 : • Unendlichkeit in der Kunst:

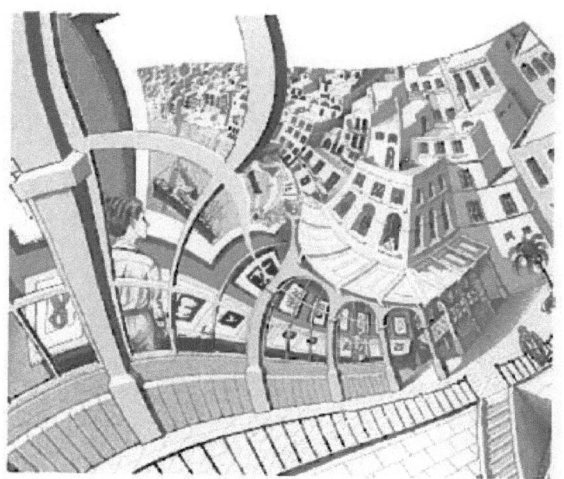

(Escher, Bildergalerie, 1956)

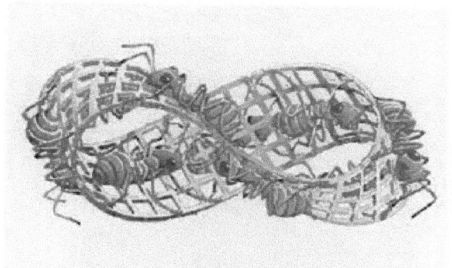

(Escher, Möbius-Band II, 1963)

• Seite 1:Infinite Cat Project:

Dieses Projekt begann mit dem Bild einer Katze, die einen Computermonitor betrachtet, auf dem eine Katze einen Computermonitor betrachtet. Die Idee wurde fortgesetzt. Jeder Besucher ist aufgefordert, mittels eines Monitors und einer Katze ein Stück zu dieser potentiellen Unendlichkeit beizutragen, die mittlerweile bei einigen tausend Katzen angelangt ist.[24]

•Seite 1:„unendliche" Graphik:

© Can Stock Photo - csp4961213

---

[24] www.unendliches.net/german/rekursion.htm

Lieb war mir immer dieser stille Hügel
Und diese Hecke, die dem Blick verbirgt
den Zirkel des fernen Horizonts.
Doch wenn ich sitz' und schaue, male ich mir aus
Ungeheure Räume jenseits von allem,
Orte so übermenschlichen Schweigens
Und so furchtbarer Stille,
dass mir das Herz gefriert.
Und wenn den Wind
Ich durch die Blätter rauschen höre,
Vergleich' ich seine Stimme
jenem unendlichen Schweigen:
Vor mir steht die Ewigkeit,
Alle Zeiten, vergangen und tot,
gegen den Lärm der Lebenden.
Im Unendlichen versinkt mein Geist:
Und Untergang ist süß auf diesem Meere.
(G. Leopardi, l'Infinito, 1819)

•Seite 1 :„unendliches" Lied: 25

„Ein Mops kam in die Küche und stahl dem Koch ein Ei.
Da nahm der Koch den Löffel und schlug den Mops entzwei.
Da kamen tausend Möpse und gruben ihm ein Grab.
Und gaben ihm einen Grabstein worauf geschrieben stand:
Ein Mops kam in die Küche und stahl dem Koch ein Ei..."

---

[25] http://www.meinanzeiger.de/zeulenroda-triebes/kultur/ein-mops-kam-in-die-kueche-und-stahl-dem-koch-ein-ei-d14685.html

▶**Anaxagoras** (500 - 428 v.Chr.) beschrieb als Erster das Unendliche als nur etwas stets Erweiterbares: "*Denn es gibt beim Kleinen ja kein Kleinstes, sondern es existiert stets ein noch Kleineres. Und ebenso gibt es beim Großen kein Größtes.*"

▶**Aristoteles** (384 - 322 v.Chr.) löste Zenons Paradoxon, indem er Anaxagoras' Vorstellung aufgriff und die Unendlichkeit als nirgends real verwirklicht erklärte. Sie existiert nur als **potentielle Unendlichkeit**, nämlich als eine Möglichkeit, über die Grenze jedes Endlichen hinauszugehen. Doch auch die größten vorstellbaren Zahlen und Zeiträume sind immer noch endlich. Es gibt also keine **aktuale Unendlichkeit** in fertiger, abgeschlossener Form. Es gibt in der Natur nichts Unendliches, weder im Raum noch in der Zeit. "*Überhaupt existiert das Unendliche nur in dem Sinne, dass immer ein anderes und wieder ein Anderes genommen wird, das eben Genommene aber immer ein Endliches, jedoch immer ein Verschiedenes und wieder ein Verschiedenes ist.*"

▶**S.F. Lacroix** (1765 - 1843), der Verfasser des Standardwerks über Infinitesimalrechnung im 18. Jahrhundert, lehnte die Unendlichkeit bereits im Vorwort ab: "*Das Unendliche, als das letzte Glied der Großheit betrachtet, ist selbst nur eine Grenze, welche die Größen nie erreichen können; der Begriff, den man damit verknüpfen muss, ist nur ein negativer Begriff; denn jede Größe, die ich mir wirklich vorstelle und die ich in meinem Kalkül gebrauche, ist eben deswegen nicht unendlich.*"

▶**Carl Friedrich Gauß** (1777 - 1855) sagte noch 1831: "*...protestiere ich zuvörderst gegen den Gebrauch einer unendlichen Größe als einer Vollendeten, welcher in der Mathematik niemals erlaubt ist. Das Unendliche ist nur eine Sprachweise, indem man eigentlich von Grenzen spricht, denen gewisse Verhältnisse so nahe kommen als man will.*" Dies hinderte Gauß jedoch nicht am Entwickeln grundlegender Methoden der Differentialgeometrie, die auf der Infinitesimalrchnung basiert und mit unendlich kleinen Zahlen operiert.

▶**Bernard Bolzano** (1781 - 1841) war der erste Mathematiker, der sich der Tabuisierung des Unendlichen systematisch widersetzte. Die Welt, meinte er, ist voller aktualer Unendlichkeiten, so dass es keinen Sinn macht, diese aus der Mathematik zu verbannen. Die Menge der Punkte einer Linie ist unendlich. Jeder Zeitraum enthält unendlich viele Augenblicke. Die Zahl der Nachkommastellen der Wurzel aus zwei ist unendlich. Und der menschliche Geist ist laut Bolzano durchaus in der Lage, sich eine Unendlichkeit als ein Ganzes vorzustellen, denn dazu braucht es keineswegs einer Vorstellung aller Bestandteile der Unendlichkeit im Einzelnen. Es gelang Bolzano, eine eigene Mathematik zu entwickeln, in der sich widerspruchsfrei mit unendlichen Größen rechnen lässt. Er bewies, dass die Anzahl der Punkte eines Bereichs auf dem **Zahlenstrahl** nicht von dessen Länge abhängt. Seine Ergebnisse wurden posthum unter dem Titel *Paradoxien des Unendlichen* veröffentlicht.

<u>Seite 1 :Beweis der Unendlichkeit der Gedanken:</u>[27]

"*Meine Gedankenwelt, das heißt die Gesamtheit* **S** *aller Dinge, welche Gegenstand meines Denkens sein können, ist unendlich*. Denn wenn* **s** *ein Element von* **S** *bedeutet, so ist der Gedanke* **s'** *, dass* **s** *Gegenstand meines Denkens sein kann, selbst ein Element von* **S***. Sieht man dasselbe Bild* **φ(s)** *des Elements* **s** *an, so hat daher die hierdurch bestimmte Abbildung* **φ** *von* **S** *die Eigenschaft, dass das Bild* **S'** *Teilmenge von* **S** *ist; und zwar ist* **S'** *echte Teilmenge von* **S***, weil es in* **S** *Elemente gibt (z. B. mein eigenes Ich), welche von jedem solchen Gedanken* **s'** *verschieden und deshalb nicht in* **S'** *enthalten sind. Endlich leuchtet ein, dass, wenn* **a, b** *verschiedene Elemente von* **S** *sind, auch ihre Bilder* **a', b'** *verschieden sind, dass also die Abbildung* **φ** *eine eindeutige ist. Somit ist* **S** *unendlich. Was zu beweisen war.*"

<u>Seite 6: - Cantorsches Diagonalverfahren:</u>

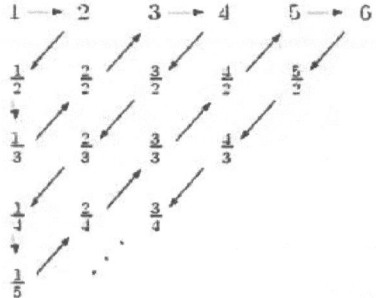

[27]http://unendliches.net/german/index.htm?gedanken.htm

Seite 6: Galileis Paradoxon:[28]

Menge A (Natürliche Zahlen): { 1, 2, 3, 4, 5, 6,7,...}

Menge B (quadratische Zahlen): { 1, 4, 9, 16, 25, 36, 49,... }

Obwohl Menge B eine Teilmenge von A ist, haben beide Mengen offensichtlich gleich viele Elemente. Denn jedem Element der Menge A lässt sich genau ein Element der Menge B zuordnen und umgekehrt. Diese Eigenschaft wird in der modernen Mengenlehre zur Definition unendlicher Mengen genutzt: Eine Menge ist dann unendlich, wenn es eine eindeutige Zuordnung zwischen ihren Elementen und denen einer ihrer echten Teilmengen gibt

Seite 6: Primzahlen multiplizieren, 1 addieren[29](Grafik selbst kreiert)

Primzahl P	Berechnung	Euklidische Zahl N	Primzahl?
2	2+1	3	√ (ja)!
3	(2•3)+1	7	√
5	(2•3•5)+1	31	√
7	(2•3•5•7)+1	211	√
11	(2•3•5•7•11)+1	2311	√

Seite 7: Häufigkeit der Primzahlen[30] (Grafik selbst kreiert)

Ganze Zahl (n)	Anzahl der Primzahlen kleiner als n	Tatsächliche Dichte	Abschätzung der Dichte (durch Formel)
10	4	40,0%	43,4%
100	25	25,0%	21,7%
1000	168	16,8%	14,5%
10 000	1229	12,3%	10,9%
100 000	9592	9,6%	8,7%
1 000 000	78498	7,8%	7,3%
10 000 000	664579	6,6%	6,2%

---

[28]http://unendliches.net/german/index.htm?index_math.htm
[29] Crilly, T. „Mathematik, die großen Fragen", Heidelberg, 2012², S.31
[30] Crilly, T. „Mathematik, die großen Fragen", Heidelberg 2012², S. 33

G. Galilei sagte einst: "Wie ich eine Gerade zu einem Achteck oder Tausendeck knicken kann, so kann ich sie auch in ein Polygon von unendlich vielen, unendlich kleinen Seiten verwandeln, indem ich sie auf einen Kreis wickle."

Als Beispiel berechne ich hier nun den Flächeninhalt eines Kreises:

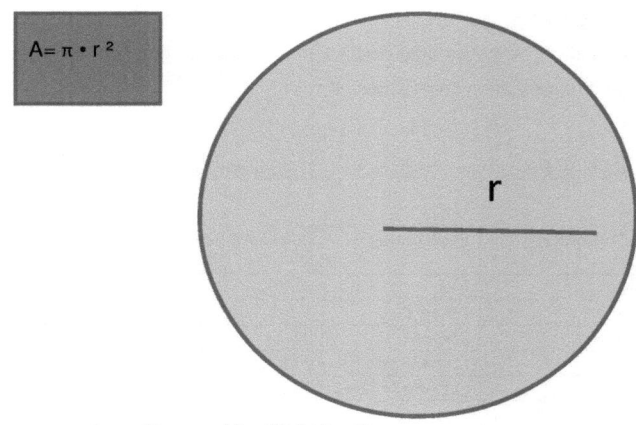

$$\rightarrow \pi \cdot 4^2 = \pi \cdot 16 \approx 50{,}24 \text{ [cm}^2\text{]}$$

...Würde ich mich diesem Flächeninhalt nur annähern, indem ich beliebig viele (allerdings graphisch nicht darstellbare) n-Ecke erstelle, so würde ich dem Wert niemals so nahe kommen wie mit der oben aufgezeigten Berechnung. Hier ein grobes Modell: (Man sieht, dass je mehr höher die Eckenanzahl ist, desto näher kommt man an den errechneten Wert heran. Die Werte sind hier allerdings lediglich gerundet, da die Graphiken selbst erstellt sind.

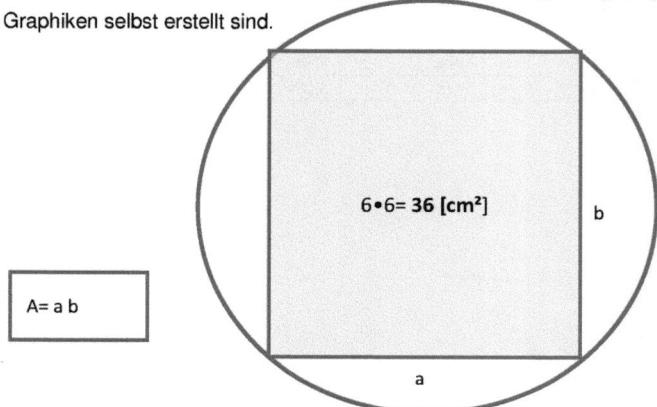

½ • (~4)•(~4)≈8

8•5 (Anzahl
Dreiecke) =
40 [cm²]

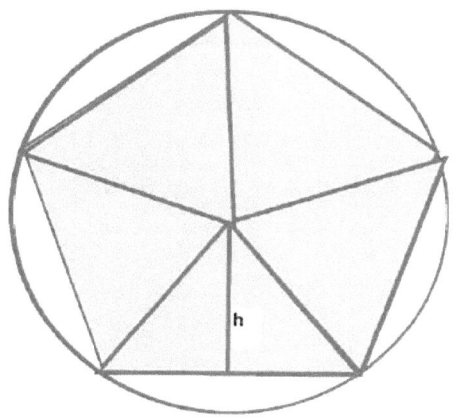

c

A Dreieck gleichschenklig = ½ • c • h

½ •(~4) • (~3,5)≈7
7•6 ≈42 [cm²]

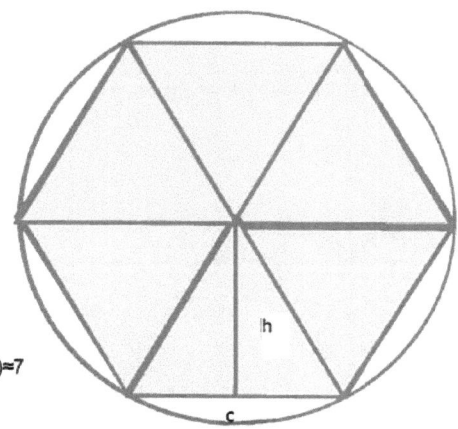

A Dreieck gleichschenklig = ½ • c • h

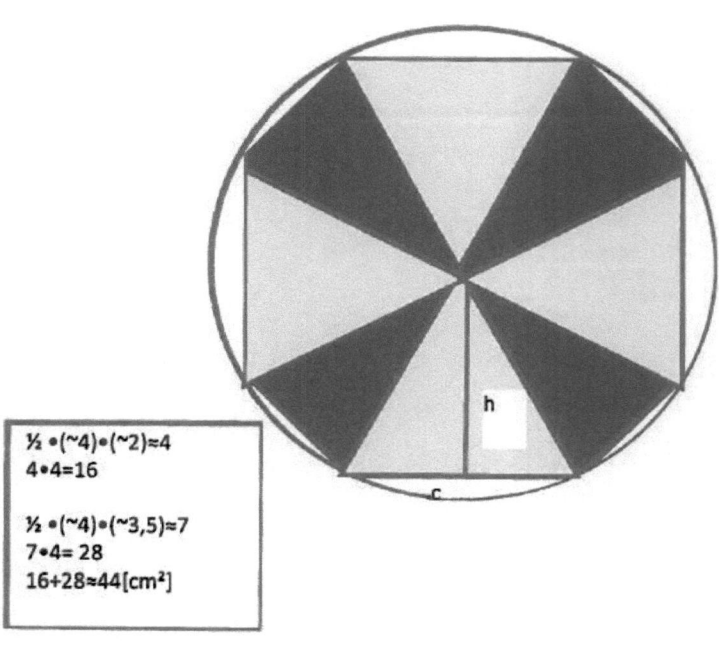

$$\frac{1}{2} \bullet (\sim 4) \bullet (\sim 2) \approx 4$$
$$4 \bullet 4 = 16$$

$$\frac{1}{2} \bullet (\sim 4) \bullet (\sim 3,5) \approx 7$$
$$7 \bullet 4 = 28$$
$$16 + 28 \approx 44 [cm^2]$$

Seite 9: Grafik Integral

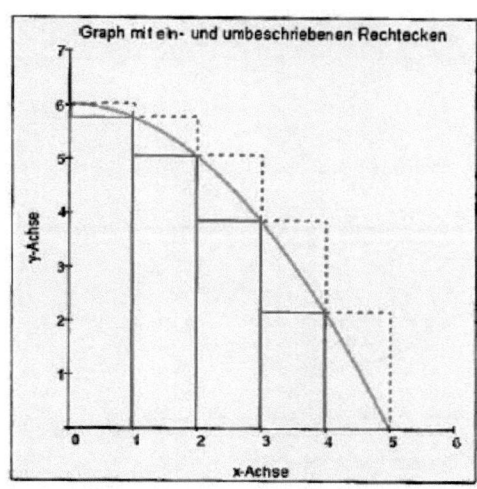

Seite 9: Grafik Asymptote

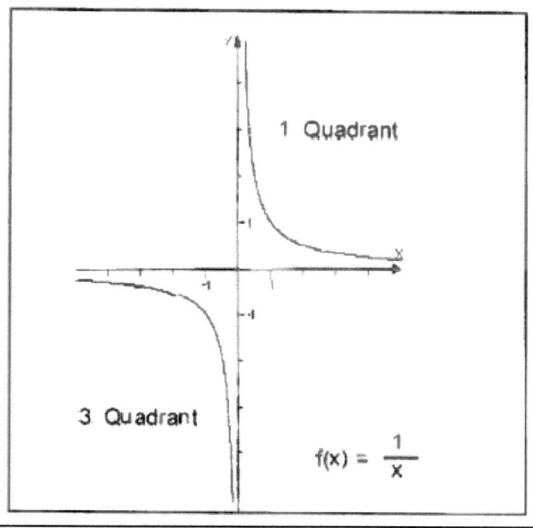

Seite 9: Funktionsschar

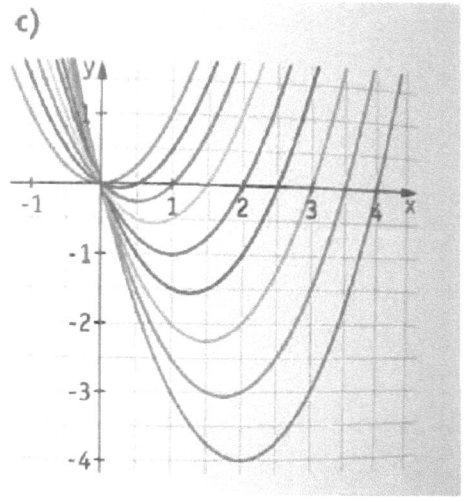

$$\frac{\mathbf{160}}{\mathbf{x}}$$

→ x ist lediglich die Variable, in die jeweils unendlich viele verschiedene Zahlen eingesetzt werden könnten.

–   Seite 11: Modell des Möbiusrings

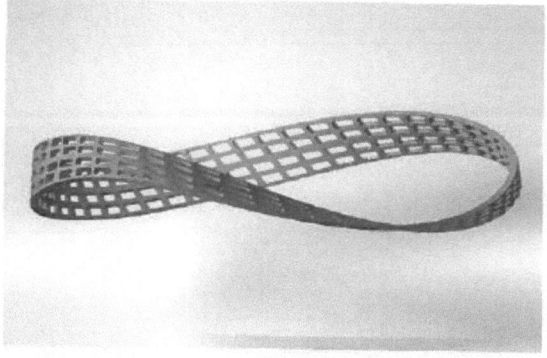

Heutzutage sucht man nach Regelmäßigkeiten oder Mustern in den Nachkommastellen der Zahl Pi. Die Zahl ist eine mathematische Konstante, die das Verhältnis eines Umfangs eines Kreises zu seinem Durchmesser aufzeigt. [31] Der aktuelle Stellenrekord liegt bei 12 100.000.000.050 Dezimalstellen. Dieser Rekord wurde 2013 von A.Y. Lee aufgestellt.[2] Ob die Zahl unendlich fortläuft, weiß man dementsprechend noch nicht.

Hier die ersten 100 Dezimalstellen:

3,14159265358979323846264338327950288419716939937510582097494459230781640628 62089986280348253421170679 ...

---

[31] Schüler Duden, Mathematik I, Prof. Dr. Scheid, H. Mannheim, 1990[3]

[2] Alexander J. Yee, Shigeru Kondo: *12.1 Trillion Digits of Pi.* Auf: *numberworld.org.* 6.Februar 2014.